# Die Sache mit dem Elefantenmist

Für Frau Christel Pembach
von der Herausgeberin
Martha Jooß.
Baden-Baden, 30.4.86

Kinder lieben den Circus, das Kind in jedem von uns liebt ihn. Seinen wunderbaren Geruch: Dieses Gemisch von Erwartung und Heiterkeit; seine abenteuerliche Luft von Gefahr und beängstigender Freiheit. Der Geruch der Manege zieht die Menschen an wie der Hafersack das Pferd. Und so war es auch im vergangenen Sommer.

Der Circus war gekommen! Große bunte Plakate hatten ihn schon seit Tagen angekündigt. Mitten auf der Wiese vor der Stadt hatte er seine leuchtend bunten Wagen aufgestellt, und die Fahne auf dem großen Zelt flatterte lustig im Wind. Es war natürlich ein Ereignis ersten Ranges, dieser Circus. Das kann man schon daraus entnehmen, daß schon bald in der Stadt von nichts anderem mehr gesprochen wurde als von ihm, dem Circus.

CIRCUS

Markus, der mit seinem Rennrad eine Tour vor die Stadt gemacht hatte, hatte ihn als erster bemerkt. Ja, er hatte sogar – sehr geschickt und mit großem Eifer – beim Aufbauen des mächtigen Zeltes geholfen. Eine Stunde später radelte er in Windeseile zu seiner Tante Jule zurück in die Stadt, um ihr die Neuigkeit zu erzählen.

Tante Jule, eine äußerst phantasievolle, skurrile Dame, lebte sehr zurückgezogen von den Menschen nur mit ihren Tieren in einem Häuschen, das versteckt hinter dichten Hecken und uralten Bäumen in einem riesigen Park stand.

Bei Tante Jules Haus angekommen, sprang Markus vom Fahrrad, machte einen Satz über das Gartentor und rannte, wie von einem wilden Tier verfolgt, durch den Park. Schon von weitem rief er: „Tante Jule, Tante Jule, der Circus ist in der Stadt!" Tante Jule, die gerade mit ihren Rosenhecken beschäftigt war, hätte sich fast in den Finger geschnitten, so sehr hatte sie der stürmische Besucher erschreckt. Als sie jedoch Markus erkannte, strahlte ihr Gesicht, und es war sofort beschlossene Sache, daß sie zusammen mit Markus' Freunden noch am selben Abend in den Circus gehen würden.

POST

Kaum konnten Markus und seine Freunde den Abend erwarten. Es dauerte wieder einmal viel zu lange, bis es dunkel wurde. Endlich war es dann soweit, und Tante Jule und ihre drei kleinen Freunde schlenderten fröhlich und erwartungsvoll gespannt dem Circuszelt entgegen.

Von weitem wirkte das Zelt umgeben von den unzähligen Wohnwagen wie eine kleine fremde Stadt, die innerhalb weniger Stunden auf der Wiese entstanden war. Und tatsächlich ist dieser Eindruck ganz richtig, denn so ein Cirkus ist gut organisiert und bildet eine besondere Welt innerhalb unserer Alltagswirklichkeit.

Die Kassen waren noch dicht umlagert von vielen, die in letzter Minute noch eine Eintrittskarte ergattern wollten.

CIRCUS
KASSA
KASSA
KASSA
KASSA

Das Zelt war bereits bis auf den letzten Platz besetzt und von einer so guten Stimmung erfüllt, daß es eine Freude war.

Tante Jule hatte, zur Überraschung ihrer kleinen Rasselbande, einen Logenplatz genommen, damit sie so dicht wie nur irgend möglich an der Manege sein konnten. Und nun lag sie vor ihnen, die Manege, lichtüberflutet wie ein Strand in der Abendsonne, vom roten Samt der Logenplätze umgeben. Wie glücklich die vier waren, konnte man deutlich an ihren vor Freude strahlenden Gesichtern sehen. Sie waren – genau wie alle Menschen im Circus – erfaßt von dieser geheimnisvollen, bezaubernden Atmosphäre. Denn hier im Schutze des Cirkuszeltes ist alles wie durch Magie dem Alltag entrückt. Es scheint alles möglich zu sein, was sonst undenkbar wäre.

Die Trompeten der Musikkapelle schmetterten einen Tusch, die Scheinwerfer warfen ihr punktförmiges Licht auf die Manege: Die Vorstellung begann!

Herein kam Pierino der Clown, begleitet von der schwergewichtigen Nilpferddame „Poppäa". Elegant legte sie sich in die Manege, fing geschickt die ihr zugeworfenen Salatköpfe und ließ einen nach dem anderen genüßlich den Nilpferdhals hinuntergleiten. Temperamentvoller ging es dann weiter: Pferde wirbelten wild den Manegenstaub auf und ihre Augen schienen Feuer zu sprühen. Ihnen folgten Kamele und Guanacos; und dann eine Besonderheit: „Baluka", eine dressierte Giraffe. Sanft, aber mit leicht hochmütigem Blick schien sie das Publikum zu mustern.

Pausenlos folgte eine Nummer der anderen. Wer von den Artisten gerade nicht auftrat, ging durch die Zuschauerreihen und verkaufte Eis und Schokolade oder zeigte zu spät angekommenen Besuchern die Plätze oder stellte die Scheinwerfer ein.

Die Zeit verging wie im Flug und schon war Pause. Tante Jule ging mit ihrer kleinen Gesellschaft aus dem hell erleuchteten Zelt hinaus in die sternenklare Nacht. Sie schlenderten ein wenig zwischen den Wohnwagen umher, den gewaltigen Anhängern und Käfigen, wo die Raubtiere schliefen, denen sie sich nicht ohne eine gewisse Furcht näherten. Sie kamen zu den Stallungen mit ihrem Geruch aus Heu und Kot. Die Löwen waren ungeduldig, die Elefanten wiegten ihre gewaltigen Körper und trompeteten leise in die Dunkelheit der Nacht. Langsam kehrten die vier wieder zum Zelt zurück. An der Bar standen seltsame Gestalten mit gegerbten Gesichtern und unterhielten sich in fremden Sprachen. Die Musikanten im roten Kostüm rauchten Zigaretten; Trapezkünstler im Bademantel übten ihre Sprünge. Im Zelt bauten Stallburschen Tunnel für die Raubtiere.

TIERSCHAU

Ein Klingelzeichen ertönte: Die Vorstellung ging weiter! Gespannt saßen die Kinder wieder auf ihren Plätzen. Jetzt mit ihren Stupsnasen dicht vor dem Raubtierkäfig. Sie spürten die Körperwärme und den Atem der Tiger, Löwen und Panther. Die Tiere sprangen durch Feuerreifen, machten Männchen und fauchten dabei böse. Die Löwen wirkten, als ob sie voll schlechten Willens wären und betrachteten das Publikum durch die Gitterstäbe mit königlicher Langeweile.

Tier- und Akrobatiknummern lösten sich in rascher Folge ab. Die Musikanten spielten immer ausgelassener. Die Zuschauer saßen atemlos auf ihren Bänken. Die Akrobaten und Artisten auf dem Trapez und dem Drahtseil schienen allen Furcht einzujagen; alle waren wie gepackt, ja entsetzt und erst wieder beruhigt, wenn die Artisten wieder festen Boden unter den Füßen hatten. Man spürte wieder einmal genau, daß die Gefahr überall gegenwärtig ist im Circus. Unauffällig zuweilen, nur Eingeweihten erkennbar, aber dann auch wieder für alle greifbar und atembeklemmend.

Doch werden die Zuschauer aus diesem Nervenkitzel, dieser Furcht immer wieder erlöst durch die Komik und das Lachen der Clowns. Ihr Erscheinen ist eine Wohltat und sorgt für befreiende Entspannung.

Fast ebenso, wie wenn die riesigen Elefanten gelassenen Schrittes die Manege betreten. Denn obwohl sie von solcher Größe und Körpermasse sind, wirken sie ruhig und bedächtig. Mit ihnen kehrt eine Ruhe in den Circus ein, die vermutlich erzeugt wird durch die zeitlupenartigen Bewegungen, die sich angenehm von der übrigen Hektik des Circus abheben. Die Elefanten haben etwas Schalkhaftes in ihrem Wesen. Wenn sie ihre Dressurakte vorführen: sich in die Manege legen, auf einem Bein aufrichten, sich setzen und danach sich am Schwanz haltend von dannen trotten, scheinen sie zu denken: „Warum nicht, wenn unsere Possen dem Publikum Freude machen.“

Und genau bei dieser Elefantennummer ereignete es sich. Es war eigentlich nichts Ungewöhnliches, denn daß ein Elefant während seiner Arbeit in der Manege „sein Geschäft" erledigt, kommt häufig vor. Das Besondere war nur, was der Elefantenmist – genau vor Tante Jules Loge – bewirkte. Markus, den passionierten Hobbygärtner, durchfuhr beim Anblick des gewaltigen Haufen Mists vor seiner Nase eine gar köstliche und ungewöhnliche Idee. Er stellte sich nämlich vor, welch äußerst fruchtbringende Wirkung der Mist wohl im Garten von Tante Jule entwickeln würde. Er konnte seinen Einfall nicht lange für sich behalten und flüsterte ihn sofort Tante Jule ins Ohr. Diese schaute ihn zunächst mit großen, verwunderten Augen an; doch dann fand auch sie die Idee, zwar ungewöhnlich, aber einmalig gut. Sie mußte unbedingt verwirklicht werden.

Das Circusprogramm nahm unterdessen seinen Lauf, doch Markus saß gedankenverloren auf seinem Platz. Plötzlich gingen alle Lichter an. Die Vorstellung war vorbei. Lagsam erwachte das Publikum und auch Markus wie aus einem Traum. Alle klatschten und lachten, erhoben sich von ihren Bänken und strebten noch etwas benommen dem Ausgang zu. Kaum hatten Tante Jule, Markus und seine Freunde den Circus verlassen, diskutierten sie auch schon lebhaft über die Sache mit dem Elefantenmist. Daß sie ihn im Garten von Tante Jule haben wollten, war klar. Das große Problem war nur, wie er dort hin gelangte. Es war schon recht spät in der Nacht, als die vier nach Hause kamen; und so beschlossen sie, die Lösung ihres Problems am nächsten Tag in Angriff zu nehmen.

Die Sonne stand bereits strahlend am morgentlichen Sommerhimmel, als Markus – noch etwas müde von der vergangenen Nacht – mit seinen Freunden Timmi und Tom bei Tante Jule im Garten erschienen. Sie machten ziemlich ratlose Gesichter, denn sie hatten nicht einen Hauch von einer Idee, wie sie das Problem lösen konnten. Tante Jule jedoch schmunzelte, und der Schalk saß ihr in den Augen, wie so oft, wenn sie eine gute Idee hatte.

In der Nacht hatte sie wieder einmal nicht schlafen können und da war ihr plötzlich Felix eingefallen. Felix ist Tante Jules Taxichauffeur. Nur er chauffiert sie, wohin auch immer sie will. Er ist sehr hilfsbereit und geduldig. Ihn wollte Tante Jule bitten, die Kinder zum Circus zu fahren. Sie rief auch sofort bei Felix an und dieser kam so geschwind wie immer, wenn Tante Jule ihn rief. Mit den Kindern hatte sie verabredet, Felix zunächst nichts von ihrem Vorhaben zu erzählen, da man nicht sicher sein konnte, wie er reagieren würde. Denn er war zwar äußerst korrekt und gutmütig, aber ein Hasenherz. Er würde nie etwas Ungewöhnliches tun. Und ungewöhnlich war der geplante Misttransport in seinem blitzblankgeputzten Auto nun ganz gewiß. Felix wurde also nur gebeten, die Kinder zum Circus zu fahren. Dies wollte er auch gerne tun, obgleich er sich insgeheim wunderte, was die Kinder zu solch früher Stunde im Circus wollten. Da aber Felix von Natur nicht besonders neugierig war, machte er sich auch weiter keine Gedanken darüber.

TAXi

So fuhren sie also zum Circus vor die Stadt. Dort angekommen, schlängelten sich die drei Buben flugs zwischen den Zeltstangen und Wohnwagen hindurch zu den Stallungen der Elefanten. Der Tierpfleger, der gerade die Elefanten fütterte, musterte sie kritisch. Markus faßte sich ein Herz und fragte ihn, ob sie wohl von dem Elefantenmist, der hier überall herumlag, eine Portion haben könnten. Doch die Verständigung mit dem Mann war nicht ganz so einfach, wie sie sich das vorgestellt hatten, denn Tonio war Italiener und verstand nur bruchstückhaft, was die Buben wollten. Er holte deshalb seinen Freund Achmed, den Türken, der in den Ställen der Kamele mit Ausmisten beschäftigt war. Achmed verstand sofort und meinte, gegen ein gewisses Entgelt würde auch er gerne vom Mist der Kamele abgeben. Denn der wirkungsvollste Dünger würde ganz sicher dann entstehen, wenn man eine gute Mischung aus dem Mist von Elefanten, Kamelen und Guanacos herstellen würde. Sie wurden sich handelseinig und die exotische Mistmischung wurde in drei große Kübel geschaufelt. Soweit, so gut. Oder auch nicht, denn der weitaus schwierigere Teil des Unternehmens stand noch bevor. Würde Felix den Mist so ohne weiteres in seinem Auto transportieren oder nicht?

CiRCUS

Tonio und Achmed luden die drei Kübel mit dem Mist auf einen Schubkarren und fuhren vergnügt zum Taxi. Da stand Felix, ruhig und genüßlich seine Pfeife rauchend. Doch als er die kleine Gruppe mit den Kübeln auf sich zukommen sah, verfinsterte sich seine Miene zusehends. Er ahnte offenbar Fürchterliches. Sollten diese Kübel mit dem übelriechenden Inhalt etwa in seinem Allerheiligsten, seinem Auto befördert werden? Nein, das durfte nicht wahr sein. Er nahm die Pfeife aus dem Mund und holte tief Luft. Die Buben standen etwas verlegen und mit gesenktem Blick vor ihm. Wieder war es Markus, der den Mut hatte zu reden: „Felix, würden Sie uns bitte diese Kübel zu Tante Jule fahren, sie braucht diesen besonderen Dünger dringend für ihren Garten?“

DIE ZE
AXi

Es dauerte länger als gewöhnlich bis Felix antwortete, denn er wußte offensichtlich nicht, wie er sich in dieser Situation verhalten sollte. Einerseits kannte er Tante Jule schon seit vielen Jahren und hatte ihr bisher noch jeden Wunsch erfüllt; andererseits dachte er an sein Auto und war entsetzt über die Zumutung, solch widerliche Kübel in diesem zu befördern. Man sah ihm deutlich seine Hilflosigkeit an. Er brauchte dringend einen Rat und diesen erhoffte er sich zunächst vom Gesetz. Denn korrekt, wie Felix nun einmal ist, hat er die Transportbestimmungen für Taxis immer bei sich, um sich in Zweifelsfällen schwarz auf weiß Gewißheit zu verschaffen. Er kramte also in seiner Jackentasche und zog ein ziemlich zerfleddertes und vergilbtes Stück Papier zwischen seinen Fahrzeugpapieren hervor. Umständlich setzte er seine Lesebrille auf und las langsam, laut und deutlich einen Paragraphen nach dem anderen vor. Es gab unendlich viele Bestimmungen über den Transport von Tieren, Gegenständen und Personen. Von Mist war jedoch nirgends die Rede. Was nun? Sie waren alle so ratlos wie zuvor.

Da kam Markus auf die Idee, sie könnten doch Herrn Logos, den Chef von Felix fragen, was sie tun sollten. Und dies taten sie dann auch. Die Buben gingen mit Felix zusammen in das Büro des Circusdirektors und telefonierten mit Herrn Logos. Dieser überlegte kurz, weil es auch für ihn eine ungewöhnliche Sache war. Doch dann hatte er eine Idee. Er selbst hatte nämlich noch ein recht altes Auto, mit dem er höchst persönlich den Wunsch seiner treuen Kundin, Tante Jule, erfüllen wollte.

Und so geschah es auch. Nach kurzer Zeit kam Herr Logos mit seinem geräumigen, etwas altmodischen, knallroten Auto, öffnete dessen Heckklappe und verstaute die Mistkübel im Kofferraum. Die Kinder stiegen zu ihm in den Wagen und fuhren freudestrahlend und winkend davon.

Tante Jule stand bereits erwartungsvoll am Gartentor, als Herr Logos mit seinem Wagen vorfuhr. Lachend entluden sie das kostbare Gut und schafften es in den Garten. Danach lud Tante Jule alle zu einem Eis in die nahegelegene Konditorei ein. Man hörte die lustige Gesellschaft weithin herzlich lachen.

Die Kinder beschlossen, am nächsten Wochenende mit der Arbeit im Garten zu beginnen. Und dies taten sie dann auch. Markus, Timmi und Tom werkelten das ganze Wochenende über eifrig im Garten von Tante Jule. Zunächst wurde der „Cirkusmist" mit normalem Humus vermischt und danach bei sämtlichen Bäumen, Sträuchern, Hecken und Blumenbeeten in die Erde eingearbeitet. Die drei mußten häufig Pausen einlegen, denn die Arbeit war sehr schwierig und anstrengend. Doch sie mußte getan werden, denn bald waren Sommerferien und alle würden in Urlaub fahren.

So war es. Die Sommerferien kamen und Tante Jule und auch die Kinder fuhren in den Süden, ans Meer.

Zuhause regnete es in dieser Zeit häufig und Tante Jules Häuschen stand verlassen und fast etwas traurig zwischen den vom Regen schweren, nassen Hecken und alten Bäumen. Der ganze Park wirkte unwirtlich und düster.

Die Wochen vergingen, die Sonne schien wieder öfter und es wurde allmählich auch wieder wärmer. An manchen Tagen war die Stimmung im Garten wie in einem Treibhaus, denn die Nässe des Regens verdunstete in der immer wärmer werdenden Sonne. Wenn man jetzt in Tante Jules Garten schaute, hatte man irgendwie das Gefühl, als habe er sich verändert. Die Bäume schienen größer und üppiger, ebenso die Hecken und Sträucher. Bei den Blumen schien es, als ob die Blüten größer wären und die Farben intensiver leuchteten. Selbst der Rasen wirkte samten und saftig grün.

Als Tante Jule und die Kinder aus den Ferien zurückkamen, standen sie staunend vor diesem traumhaft schönen Märchenpark, in den sich Tante Jules Garten in der Zwischenzeit verwandelt hatte. Das war ein ach! und ein oh! Ein: „Schau hier" und „schau dort". Es war wie ein Wunder. Auch alle Nachbarn kamen und bewunderten die paradiesische Pracht. Da hatte Markus wieder einmal eine Idee. Sie könnten doch ein riesiges Fest in Tante Jules Park feiern, aus Freude über all die Schönheit, die hier entstanden war. Es sollte ein Freudenfest werden, an dem alle Freunde, Nachbarn und vor allem auch alle Circusleute teilnehmen sollten.

Das große Freudenfest fand dann auch tatsächlich statt, in einer lauen, sternenklaren Sommernacht im August.

Tante Jules Park war feierlich geschmückt mit unendlich vielen bunten Lampions und überall zwischen Hecken und Bäumen waren Tische und Bänke aufgestellt. Alle waren gekommen: Freunde, Nachbarn und vor allem die Circusleute mit ihren Clowns, Artisten, Musikanten und Tierpflegern. Es war ein fröhliches Fest. Man konnte die Musik und das Lachen der Menschen weithin hören, bis der Morgen langsam graute und die letzten Gäste gegangen waren.

**Warum ist die Manege rund?**

Hallo Kinder, ich möchte euch ein wenig über die Entstehung des Circus erzählen. Ihr werdet dann sicher vieles aufmerksamer beobachten und besser verstehen. Denn nichts im Circus ist zufällig, alles hat eine lange Tradition.

Das Wort Circus ist griechisch-lateinischen Ursprungs und bedeutet Kreis. Viele glauben deshalb, der Circus sei schon 2000 Jahre alt, und seine Anfänge lägen "im alten Rom". Dies ist jedoch nicht richtig. Denn die Vorführungen in den antiken Arenen und Amphitheatern waren Wettkämpfe, wie zum Beispiel die Wagen- und Pferderennen oder die Gladiatorenkämpfe. Akrobaten, Vorführer zahmer Pferde und Spaßmacher durften nur auf der Straße ihre Kunst zeigen.
Wir wissen aus der Geschichte, daß es bereits im Ägypten der Pharaonen Akrobaten gab, daß schon im alten Griechenland lustige Personen auftraten, daß bei den Römern Taschenspieler und Springer sehr beliebt waren und daß man in fast allen Ländern des Altertums dressierte Tiere – auch gezähmte Raubtiere – kannte. Aber die einzelnen Artisten zeigten ihre Kunststücke unabhängig von einander nur auf der Straße und nicht in einem festen Gebäude oder Zelt.
Der Circus, so wie wir ihn heute kennen, entstand im 16., 17. und 18. Jahrhundert. Eine wichtige Rolle spielten dabei die Jahrmärkte. Denn sie verbanden den Handel mit der Unterhaltung und zogen dadurch eine große Schar von Gauklern und Budenschauspielern aller Art an.
Auf diesen Jahrmärkten konnte man Seiltänzer, Feuerschlucker, Jongleure, Taschenspieler und dressierte Tiere sehen; ähnlich wie heute noch auf den Frühlings- und Volksfesten. Pferdedressuren oder Akrobaten zu Pferde sah man, damals wie heute, auf den Rummelplätzen äußerst selten. Da die Dressur und die Haltung von Pferden sehr viel Geld kostete, konnten sich selbst reiche Budenbesitzer keine Kunstreiter leisten. Erst als im 17. Jahrhundert die Bedeutung des Pferdes in der Landwirtschaft und beim Militär zunahm, begannen sich immer mehr Menschen für Pferde zu interessieren. Es entstand die Pferdezucht und aus ihr die Reiterschulen. In diesen Reitschulen entwickelten sich die Pferdedressur und die Kunstreiterei.

Die ersten Kunstreiter kamen übrigens aus England, dem Land, in dem der Pferdesport sehr hoch entwickelt war.
Die Reitschulen mit ihren kreisrunden Manegen waren die Vorläufer der späteren Circusbauten. Form und Größe der Manege entwickelten sich durch die Dressur und akrobatische Arbeit mit Pferden. Die Artisten hatten herausgefunden, daß sich die Pferde in einer kreisförmigen Manege besonders harmonisch und leicht bewegen. Und genau das ist für eine sichere Arbeit der Pferdeakrobaten wichtig.
Heute hat die Circusmanege in der Regel einen Durchmesser von dreizehn Metern; sie ist mit Sägespänen bedeckt und von einer niedrigen Barriere, der Piste, umgeben. Für bestimmte Darbietungen werden Platten oder Teppiche in der Manege ausgelegt.
Auch die Peitsche – die man mit dem Taktstock des Dirigenten vergleichen kann – hat keine willkürliche Länge, sondern muß im richtigen Verhältnis zur Größe der Manege stehen. Wenn ihr wieder einmal im Circus seid, dann achtet bei den Darbietungen der Kunstreiter oder den Pferdedressuren darauf, wo der Stallmeister oder Artist steht. Er steht nämlich genau in der Manegenmitte, die Peitsche ausgestreckt auf das linke Schulterblatt des Pferdes gerichtet; so kann er die verschiedenen Gangarten und das Tempo seiner Tiere jederzeit mit einer leichten Berührung korrigieren. Die Peitsche ist also genau so lang, daß der Stallmeister von der Mitte der Manege aus die Pferde berühren kann. Wäre dies nicht so, müßte er ständig mitlaufen.
Aus all dem, was ich bis jetzt erzählt habe, können wir schließen, daß der Circus in der Zeit entstanden sein muß, als sich Pferdedressur und Akrobatik zu Pferde entwickelten. Und deshalb ist auch die Manege rund.

| | |
|---|---|
| Herausgeber: | Martha Joost |
| Verlag: | Presse Informations Agentur (PIAG)<br>Baden-Baden |
| Umschlaggestaltung: | Dieter Kleschewski |
| Bilder/Texte: | Christa Rentschler |

ISBN 3-921864-21-6